La matrona ante los riesgos biológicos. Una perspectiva desde los riesgos laborales.

MARIA ISABEL LÓPEZ LÓPEZ

(Matrona. Hospital Rafael Méndez)

BELÉN ACOSTA LÓPEZ

(Matrona. Hospital Rafael Méndez)

MARIA JOSE CARAVACA BERENGUER

(Matrona. Hospital Rafael Méndez)

ENCARNACIÓN ROSIQUE GÓMEZ

(Matrona. Hospital Rafael Méndez)

Es una publicación

Primera edición 2018

ISBN 978-0-244-71874-9

INDICE

1. OBJETO.

El presente trabajo tiene por objeto la evaluación inicial del riesgo biológico en la exposición a en el puesto de trabajo de Matrona en Atención Especializada en la unidad de Paritorio en un Hospital Comarcal del Servicio Murciano de Salud, para dar cumplimiento al artículo 16 de la Ley de PRL, siendo esta la primera actividad preventiva y teniendo como fin orientar a los responsables de la empresa en la planificación e implantación de las acciones preventivas convenientes ,para tratar de eliminar o, en su defecto, controlar los riesgos existentes y así garantizar la Seguridad y la Salud delos trabajadores en su actividad laboral.

2. INTRODUCCION.

Para empezar con la evaluación de riesgos biológicos en el puesto de trabajo de Matrona en Atención Especializada comenzaré definiendo las funciones y actividades que realiza la matrona en paritorio.

- DEFINICION DE MATRONA.

La definición de matrona se adoptó en el Consejo Internacional de Matronas (ICM) en 2005:

"Una matrona es una persona que, habiendo sido admitida para seguir un programa educativo de partería, debidamente reconocido por el Estado, ha terminado con éxito el ciclo de estudios prescritos en partería y ha obtenido las calificaciones necesarias que le permitan inscribirse en los centros oficiales y/o ejercer legalmente la práctica de la partería.

La matrona está reconocida como un profesional responsable y que rinde cuentas y que trabaja en asociación con las mujeres para proporcionar el necesario apoyo, cuidados y consejos durante el embarazo, parto y el puerperio, dirigir los nacimientos en la propia responsabilidad de la matrona y proporcionar cuidados al neonato y al lactante. Este cuidado incluye las medidas preventivas, la promoción de nacimiento normal, la detección de complicaciones en la madre y niño, el acceso a cuidado médico u otra asistencia adecuada y la ejecución de medidas de emergencia.

La matrona tiene una tarea importante en el asesoramiento y la educación para la salud, no sólo para la mujer, sino también en el seno de sus familias y de la comunidad.

Este trabajo debe incluir la educación prenatal y preparación para la maternidad y puede extenderse a la salud de mujeres, la salud sexual o reproductiva, y el cuidado de los niños. Una matrona puede ejercer en cualquier emplazamiento, incluyendo la casa, la comunidad, los hospitales, las clínicas o las unidades de salud".

Dentro de la atención especializada la matrona realiza su labor asistencial en el paritorio básicamente. También realiza actividades en la planta de hospitalización de gestantes y en la puerta de urgencias , atendiendo tanto a todas las usuarias en las diferentes etapas de la vida, ya sea embarazada o no.

Las gestantes a término (entre la semana 37 y 42 de embarazo) que acuden a urgencias por sospecha de parto, es acogida y valorada por la matrona que informa al ginecólogo de la valoración realizada y le avisa ante la presencia de signos de alarma que indiquen también la valoración por parte del obstetra.

Cuando la gestante se clasifica como bajo riesgo, se produce a su ingreso por la matrona.. Si está en fase activa de parto, la matrona sigue el proceso del parto en coordinación con el ginecólogo que está en permanente contacto ante cualquier incidencia que desviara el proceso fisiológico a patológico, comunicando e identificando signos de alarma.

En el paritorio se encarga de atender el parto en sus distintas fases: dilatación, expulsivo y puerperio .También se extienden los cuidados al Recién Nacido (RN) durante sus dos primeras horas de vida.

A continuación desarrollo las actividades en el ámbito hospitalario recogidas en la Vía clínica de atención al parto normal del Servicio Murciano de Salud:

Valoración del estado de la gestante en la **Zona de Urgencias**

- Presentación y acogida

- Identificación de la gestante y comprobación de pulsera identificativa.

- Preguntar y valorar motivo de consulta.

- Revisar Cartilla de embarazo.

- Evaluación física, obstétrica y fetal.

- Si tiene contracciones realizar tacto vaginal y valorar dinámica uterina.

- Valorar estado emocional y apoyo familiar–social.

- Comunicar al obstetra llegada y situación:

- Fase activa de parto y continuidad por matrona

- Situación con signos de alerta

- Registro de datos en historia clínica.

- Comunicación al Servicio de Admisión del destino de la gestante, tras valoración.

- Información gestante/acompañante.

- Aviso al celador/a para traslado de la gestante.

Primera etapa del parto. Fase de Dilatación.

La primera etapa del parto comienza con la dilatación donde se pueden distinguir a su vez dos etapas: fase latente, que ocurre desde inicio de las contracciones hasta el inicio del parto (cuello borrado y 3 cm de dilatación) y fase activa del parto: desde los 3-4cm de dilatación hasta los 10cm, con una dinámica regular.

Se realizan las siguientes actividades:

- Realizar acogida, presentación y valoración de la gestante.

- Promover el bienestar físico y emocional de la mujer/acompañamiento.

- Si hay, revisar plan de parto.

- Controlar la evolución y progreso del parto: monitorización de la Frecuencia cardiaca Fetal y la dinámica(MEFC).

- Realizar venoclisis y actualizar analítica si es necesario.

- Administración profilaxis antibiótica, si precisa.

- Apertura de registros y formularios en historia clínica.

- Control de constantes cada 4 h.

- Exploración obstétrica cada 2-4 h.

- Favorecer la micción espontánea, si fuera necesario, se procediria a un sondaje vesical intermitente.

- Facilitar la posición que más cómoda le resulte y la movilidad si lo desea. Ayudar en cambios posturales.

- Permitir ingesta de líquidos si desea.

- Informar sobre el uso de métodos no farmacológicos de alivio del dolor y facilitarlos.

- Si solicita anestesia epidural, avisar a anestesista y realizar los cuidados adecuados.

- Comunicar al obstetra la evolución, progreso del parto y signos de alarma.

- Actuar con el obstetra en el retardo de la dilatación: proceder a rotura de la bolsa amniótica y puesta en marcha de oxitocina sintética intravenosa.

- Registro de los datos y todas las actividades realizadas en el programa informático.

Segunda etapa del parto. Periodo expulsivo.

En la segunda etapa del parto o periodo expulsivo (que se define como la que trascurre desde la dilatación completa 10cm y el momento en que se produce la salida del feto) se divide a su vez en dos etapas: expulsivo pasivo (no hay sensación de pujo) y expulsivo activo (feto visible en periné y sensación de pujo).

Se desarrollarían las siguientes actividades por parte de la matrona:

- Promover el bienestar físico y emocional de la mujer.

- Aplicar las medidas asepsia, preparación de campo para técnica estéril en caso de sutura de la episiotomía o desgarro.

- Controlar la evolución y progreso del expulsivo a través de exploraciones vaginales, palpación abdominal, observación del aspecto general, expresión facial y lenguaje corporal, características del flujo y secreciones vaginales.

- Valorar la duración del expulsivo.

- Comprobar la presencia de globo vesical.

- Toma de constantes vitales cada hora.

- Favorecer pujos espontáneos.

- Valoración del estado fetal (a través de la monitorización fetal)

- Minimizar el trauma perineal.

- Realizar episiotomía selectiva.

- Atender a la salida del bebe.

- Informar al obstetra de signos de alarma.

- Cuidados inmediatos al recién nacido: contacto piel con piel, valoración de Apgar, pinzamiento del cordón, extracción sangre para grupo sanguíneo y gasometría, e identificación del recién nacido.

- Avisar al neonatólogo/pediatra si es necesario.

- Registro de los cuidados en el programa informático y rellenar formularios necesarios, además de la historia clínica de la madre.

- Registro de los cuidados en historia clínica del recién nacido. Hoja de registro civil del RN.

- Informar del estado de salud del recién nacido a la madre y acompañante.

Tercera etapa del parto. Fase de alumbramiento.

Tercera etapa del parto o alumbramiento: desde el nacimiento hasta la expulsión de la placenta.

Actividades llevadas a cabo por la matrona:

- Observar y vigilar el estado general de la mujer.

- Mantener las medidas de asepsia.

- Toma de constantes vitales.

- Controlar la duración del alumbramiento, atención en el alumbramiento. Manejo activo según factores de riesgos y valoración individual de la mujer.

- Comprobar la integridad de placenta, cordón y membranas.

- Cuidados del periné, suturar/reparar, si precisa.

- Valorar sangrado y contracciones uterinas.

- Administrar profilaxis de hemorragia posparto.

- Informar al obstetra del progreso del alumbramiento y signos de alarma

- Registro de los cuidados en el registro informáticos e historia clínica de la madre.

- Informar de los cuidados y procedimientos aplicados y de la evolución del parto a la mujer y acompañante.

- Cambio de ropa de cama y limpieza de los restos biológicos que hayan podido quedar después del proceso del parto.

- Permitir acompañamiento

- Valorar el estado general de la madre: control de constantes (TA y FC).

- Valorar sangrado y estado uterino.

- Observación del periné.

- Valorar vaciado de vejiga, si es necesario para evitar sangrado.

- Valorar sensibilidad y movilidad, si epidural.

- Retirar catéter epidural (si procede).

- Mantener comunicación efectiva con obstetra e informar si signos de alarma.

Posparto inmediato. Esta etapa dura hasta dos horas después de la expulsión de la placenta.

- Retirar vía venosa, según necesidad especifica de la mujer.

- Valorar el estado del recién nacido.

- Observar primera toma lactancia materna.

- Avisar a pediatra si procede.

- Informar de los cuidados realizados y del estado de salud de la madre-recién nacido a acompañante.

- Despedir a la mujer y al acompañante e indicar traslado a planta después de las 2 horas posparto.

3. JUSTIFICACION.

La realización de las funciones y actividades por parte de la matrona en el servicio de Paritorio, descritas anteriormente, implican estar sometidas a diferentes factores de riesgo de distinta naturaleza. En este caso, trato de identificar el riesgo de estar expuesta a agentes biológicos en el desarrollo de mi actividad laboral y desarrollar mis conocimientos en la prevención de Riesgos Laborales en mi lugar de trabajo.

4. DEFINICIONES.

Según el R.D. 664/1997 a continuación se desarrollan las definiciones reglamentarias de agente biológico comprende las siguientes categorías:

• <u>Microorganismos</u>: entidades microbiológicas, celulares o no, capaces de reproducirse o de transferir su material genético. Se incluyen en esta categoría los virus, las bacterias, los hongos filamentosos, las levaduras y los agentes transmisibles no convencionales (priones).

• <u>Microorganismos modificados genéticamente</u>: cualquier microorganismo cuyo material genético ha sido modificado de una manera que no se produce de forma natural en el apareamiento o la recombinación natural.

• <u>Cultivo celular</u>: es el resultado del crecimiento in vitro de células aisladas de organismos pluricelulares. Su inclusión en la definición de agente biológico responde básicamente a su capacidad de permitir el crecimiento y propagación de otros microorganismos patógenos (principalmente virus), ya sea de forma conocida o inadvertida.

• <u>Endoparásitos humanos</u>: organismos unicelulares o pluricelulares que desarrollan parte o todo su ciclo vital en el interior de uno o varios huéspedes. En esta categoría se incluyen los protozoos y los helmintos (gusanos).

Asimismo, la definición contiene los efectos adversos para la salud que pueden ser ocasionados por la exposición a los agentes biológicos y que se enumeran a continuación:

• Infección: comprende el proceso de colonización y multiplicación de un agente biológico en un organismo vivo, ya sea tejido, líquido corporal o en la superficie de la piel o de las mucosas, pudiendo causar una enfermedad. Cuando la infección está provocada por endoparásitos se denomina infestación.

• Alergia: reacción del sistema inmunitario inducida por ciertas sustancias denominadas alérgenos o sensibilizantes que, en caso de exposición laboral, se manifiesta principalmente con alteraciones en

el sistema respiratorio como son: la rinitis, el asma o la alveolitis alérgica.

• Toxicidad: efecto relacionado con ciertos microorganismos o, más concretamente, con la presencia de una o varias toxinas producidas por algunos agentes biológicos.

Se pueden distinguir tres tipos de toxinas:

- **Exotoxinas**: son moléculas bioactivas, generalmente proteínas, producidas liberadas por bacterias, en su mayoría Gram positivo, durante su crecimiento o durante la lisis bacteriana. Generalmente están asociadas a enfermedades infecciosas. Algunos ejemplos son la toxina botulínica y la tetanospasmina, neurotoxinas producidas por la bacteria Clostridium botulinum y C. tetani, respectivamente.

- **Endotoxinas**: son componentes de la pared celular de las bacterias Gram negativo, que pueden pasar al ambiente durante la división celular o tras la muerte de las bacterias.

- **Micotóxinas**: son metabolitos secundarios producidos por algunos hongos (por ejemplo Aspergillus, Penicillium y Fusarium) bajo determinadas condiciones de humedad y temperatura. Entre las más relevantes se encuentran las aflatoxinas o las ocratoxinas.

A efectos de lo dispuesto en el presente Real Decreto, los agentes biológicos se clasifican, en función del riesgo de infección, en cuatro grupos:

a) *Agente biológico del grupo 1*: aquél que resulta poco probable que cause una enfermedad en el hombre.

b) *Agente biológico del grupo 2*: aquél que puede causar una enfermedad en el hombre y puede suponer un peligro para los trabajadores, siendo poco probable que se propague a la colectividad y existiendo generalmente profilaxis o tratamiento eficaz.

c) **Agente biológico del grupo 3**: aquél que puede causar una enfermedad grave en el hombre y presenta un serio peligro para los trabajadores, con riesgo de que se propague a la colectividad y existiendo generalmente una profilaxis o tratamiento eficaz.

d) **Agente biológico del grupo 4**: aquél que causando una enfermedad grave en el hombre supone un serio peligro para los trabajadores, con muchas probabilidades de que se propague a la colectividad y sin que exista generalmente una profilaxis o un tratamiento eficaz.

Estos agentes pueden penetrar en nuestro organismo a través de diferentes vías:

• **Respiratoria**: los organismos que están en el ambiente entran en nuestro cuerpo cuando respiramos, hablamos, tosemos…

• **Digestiva:** pueden entrar en contacto al comer, beber o por ingestión accidental pasando a la boca, esófago, estómago e intestinos.

• **Dérmica**: por contacto con la piel, aumentando la posibilidad de que accedan cuando presenta heridas o está mal conservada.

•**Parenteral**: por medio de la sangre o las mucosas: contacto con ojos o boca, pinchazos, cortes…

5. DESARROLLO.

Si los resultados de la evaluación revelan que la actividad no implica la intención deliberada de manipular agentes biológicos o de utilizarlos en el trabajo pero puede provocar la exposición de los trabajadores a dichos agentes, se aplicarán las disposiciones de los artículos 5 al 13 de este Real Decreto, salvo que los resultados de la evaluación lo hiciesen innecesario.

En primer lugar es necesario determinar la presencia, o posible presencia, de agentes biológicos en el lugar de trabajo, ya que esta circunstancia puede suponer un riesgo que es necesario evaluar. La presencia de un agente biológico puede ocurrir aunque no se utilice ni se manipule en el proceso laboral, pero puede estar infectando a personas, colonizando materiales y liberarse al ambiente en el transcurso de la actividad laboral.

La realización de las tareas puede dar lugar a diferentes situaciones en las que la exposición a agentes biológicos, por cualquiera de las vías de entrada al organismo, es posible. En general, las más frecuentes son las que suponen contacto directo con personas enfermas, con sangre y otros fluidos biológicos, y el contacto con materiales e instrumentos contaminados, en especial con instrumentos cortopunzantes.

Es importante obtener la mayor información posible sobre la exposición, a fin de poder adoptar las medidas preventivas más adecuadas atendiendo a la actividad realizada. Con este objetivo es importante conocer la "cadena de infección", que describe la secuencia de pasos en la transmisión de un agente biológico: proliferación, liberación al ambiente y contacto con el trabajador. Este conocimiento permitirá seleccionar e implantar las medidas preventivas adecuadas con el fin de impedir el contacto del agente biológico con el trabajador.

Esta cadena de transmisión consta de varios eslabones o etapas:

• **El reservorio.** Es el medio físico (suelo, agua, otro ser vivo, etc.) donde un agente biológico encuentra las condiciones favorables para su desarrollo. Constituye el foco de contaminación. Conocer en qué punto o momento del proceso la proliferación de los agentes biológicos se puede ver favorecida es fundamental para poder valorar la magnitud del riesgo y adoptar las medidas preventivas más eficaces para su control.

- **La exposición del trabajador al agente biológico.**

Viene caracterizada por la dispersión del agente biológico, es decir, por las posibles formas o soportes en los que el agente biológico puede pasar del reservorio al ambiente o por el acceso del trabajador al mismo.

- **El mecanismo de transmisión del agente biológico.**

Es el mecanismo por el que el agente biológico resulta infeccioso. Así, por ejemplo, la bacteria Legionella pneumophila es infecciosa por vía aérea mientras que el virus de la hepatitis B lo es por vía parenteral. Algunos agentes biológicos pueden ser infecciosos por varias vías.

- **La vía de entrada al organismo.**

Las distintas formas o vías de exposición son: inhalatoria, dérmica, digestiva o parenteral. La probabilidad de efecto será más elevada cuando coincidan el mecanismo de transmisión con la vía de entrada al organismo. En general, la exposición por vía inhalatoria es la más frecuente e importante por ser consecuencia directa de la contaminación del ambiente de trabajo por aerosoles que contienen agentes biológicos.

- **El trabajador.**

Es el último eslabón de la cadena. La gravedad de las consecuencias tras la exposición dependerá de la patogenicidad del agente biológico, de la dosis y de la susceptibilidad individual del trabajador.

6. RECOMENDACIONES.

La actividad sanitaria, incluido el trabajo de matrona, es uno de los sectores de actividad donde los trabajadores pueden estar expuestos a agentes biológicos con una gran frecuencia.

Uno de los principales riesgos laborales asociados a este sector de actividad es la adquisición de enfermedades infecciosas causadas por agentes patógenos de transmisión hemática, tejidos y otros fluidos corporales que contengan sangre, pudiendo originar enfermedades víricas como la hepatitis B (VHB), la hepatitis C (VHC), o el virus de inmunodeficiencia humana (VIH), que son los riesgos más habituales.

Debe disponerse de los equipos e instalaciones necesarias para evitar el contacto con la sangre y otros fluidos biológicos (bolsas de resucitación o equipos de ventilación asistida en salas de resucitación boca-boca,etc.). Cada centro sanitario deberá disponer de un Plan de Emergencia frente a exposiciones a Agentes Biológicos adaptado a las circunstancias. Sigue las pautas de actuación marcadas al respecto.

El tratamiento y eliminación de los residuos se realizará de acuerdo con la normativa vigente y los procedimientos marcados por la empresa. Todos los desechos biológicos deben ser descontaminados antes de su eliminación. Para residuos de los tipos II y III, esta política debe incluir, el uso de bolsas y recipientes de total estanqueidad, opacos a la vista, resistentes a la rotura y de volumen no superior a los 70 litros, etc.

Los residuos generados en un centro sanitario se clasifican en 4 tipos:

- **Residuos del tipo I**: residuos sanitarios asimilables a residuos municipales (cartón, papel alimentos, residuos de pacientes no infecciosos,etc.),

- **Residuos del tipo II**: residuos sanitarios no específicos (material de curas, ropa y material de un solo uso, contaminado con sangre, secreciones, etc.) no englobados en los de grupo III.

- **Residuos del tipo III**: residuos sanitarios específicos o infecciosos (agujas y anatómicos no reconocibles, cultivos infecciosos, etc.).

- **Residuos del tipo IV**: residuos tipificados en normativas específicas. Incluye residuos citostáticos, quimicos, radiactivos y residuos anatómicos con entidad o reconocibles.

El transporte de estos residuos hacia el almacén se realizará cumpliendo los periodos de recogida y normas que eviten la rotura de las bolsas o recipientes de transporte. El almacenamiento se realizará en locales aislados bien ventilados, iluminados, señalizados y que permitan una fácil limpieza y desinfección.

Estos riesgos generalmente están asociados a la materialización de accidentes de trabajo en los que están implicados instrumentos cortantes y punzantes, que son los accidentes más habituales.

Las precauciones para el control de las infecciones constituyen un conjunto de recomendaciones y actuaciones dirigidas a prevenir la transmisión y diseminación de agentes infecciosos desde la fuente de infección a los trabajadores que desarrollan su labor en centros sanitarios. Las precauciones se dividen en dos categorías: las precauciones estándar y las precauciones basadas en el mecanismo de transmisión de los agentes biológicos.

Las **precauciones estándar** constituyen la estrategia básica para la prevención de la transmisión de los agentes infecciosos y son de aplicación en el cuidado de todos los pacientes, con independencia de si la presencia de un agente biológico está confirmada o se sospecha.

Estas precauciones se basan en el principio de que la sangre, los fluidos corporales, las secreciones y las excreciones (excepto el sudor), la piel no intacta y las mucosas pueden contener agentes infecciosos transmisibles, e incluyen prácticas tales como: el lavado de manos y el uso de guantes, batas, mascarilla, protección ocular o del rostro, en función de si se puede anticipar la exposición, y prácticas seguras para prevenir pinchazos.

La extensión de la aplicación de las precauciones estándar viene determinada por la naturaleza de la interacción entre el trabajador y el paciente; por ejemplo: para la realización de una punción en la vena se precisa el uso de guantes, mientras que para hacer una intubación, se precisa, además, el uso de protectores faciales o máscara y gafas protectoras.

Las precauciones basadas en el mecanismo de transmisión de los agentes biológicos se aplican, complementando las precauciones estándar, en el cuidado de los pacientes que se sabe o se sospecha que están colonizados por agentes infecciosos que requieren medidas adicionales de control para prevenir con eficacia la transmisión.

Las precauciones basadas en la transmisión se dividen, a su vez, en tres categorías: precauciones por contacto, precauciones por gotitas y precauciones por transmisión aérea. Cuando un agente infeccioso se transmite por más de una ruta se aplicarán las categorías correspondientes a esos mecanismos de transmisión, además de las precauciones estándar.

• **Las precauciones por contacto (PC)** tratan de no prevenir la transmisión de aquellos agentes infecciosos que se propagan por contacto directo (con el paciente) o indirecto (con objetos contaminados).

• **Las precauciones por gotas (PG)** tratan de prevenir la transmisión de agentes infecciosos en aquellas tareas que suponen un contacto próximo de las mucosas (conjuntiva, mucosa nasal o bucal) con secreciones respiratorias (gotas de tamaño > 5 μm), y que generalmente son generadas por el paciente al hablar, toser o estornudar, o durante determinadas técnicas como el aspirado bronquial o la broncoscopia. Este tipo de transmisión requiere un contacto cercano con el paciente infectado; las gotas recorren una distancia corta (aproximadamente, un metro) a partir del paciente y sedimentan rápidamente.

• **Las precauciones por transmisión aérea (PA)** tratan de prevenir la transmisión de agentes infecciosos depositados en partículas de tamaño inferior a 5 μm, que proceden de las vías respiratorias del paciente y quedan suspendidas en el ambiente, donde pueden persistir durante un cierto tiempo y desplazarse largas distancias.

Puesto que a menudo se desconoce el agente biológico en el momento de ingreso de un paciente, las precauciones basadas en la transmisión se aplican de forma empírica de acuerdo con el síndrome clínico y la posibilidad de presencia del agente en el momento.

Estas precauciones se modifican posteriormente en función de la identificación del patógeno o de que se descarte la etiología. Las denominadas "precauciones universales" constituyen la estrategia fundamental para la prevención del riesgo laboral frente a todos los microorganismos vehiculizados por la sangre. Las personas que integran el tendrán que aplicar el principio fundamental de que todas las muestras deben manipularse como si fueran infecciosas. El cumplimiento de una determinada precaución universal no te exime o no te excluye de seguir o de realizar las otras.

PRECAUCIONES ESTÁNDAR

Lavado de manos

Durante la atención al paciente, procurar evitar los contactos innecesarios con las superficies que se encuentran próximas al paciente para prevenir tanto la contaminación de las manos limpias como la contaminación de las superficies con las manos sucias.

Lavar las manos siempre que estas estén sucias (material proteico, sangre o fluidos biológicos) con agua y jabón. Utilizar agentes antimicrobianos o antisépticos no acuosos para determinadas circunstancias (por ejemplo, en caso de brotes o de infecciones hiperendémicas). El uso frecuente de solución alcohólica puede incrementar la aparición de dermatitis.

¿Cuándo lavarse las manos? Antes del contacto directo con los pacientes. Tras el contacto con sangre, fluidos biológicos, excreciones, secreciones, mucosas, piel no intacta o vendajes, tanto si se llevan guantes como si no. Entre procedimientos en un mismo paciente, a fin de evitar infecciones cruzadas. Tras la realización de cualquier técnica que pueda implicar el contacto con material infeccioso. Inmediatamente después de quitarse los guantes, entre un paciente y otro o cuando esté indicado para evitar la transferencia entre pacientes o al ambiente.

EPI

Utilizar los EPI siempre que la naturaleza del tipo de atención al paciente indique que es posible el contacto con sangre, fluidos biológicos, excreciones, etc. Evitar la contaminación de la ropa y de la piel al quitarse los EPI. Quitarse los EPI y desecharlos antes de abandonar la habitación o recinto donde se encuentre el paciente.

Guantes

Usar guantes cuando se pueda producir, o se vaya a tener, contacto con sangre, fluidos biológicos, secreciones, excreciones, membranas mucosas, piel no intacta o piel intacta potencialmente infectada(defecaciones, orina, etc.) y otros materiales u objetos potencialmente contaminados. Quitarse los guantes tras el contacto con el paciente, el entorno, el equipo médico, utilizando técnicas apropiadas para evitar la contaminación de las manos.

No utilizar los mismos guantes para el cuidado de distintos pacientes. No lavar los guantes con objeto de reutilizarlos.

Esta práctica está asociada con la transmisión de patógenos. Cambiar los guantes entre diferentes procedimientos en un mismo paciente, a fin de evitar contaminaciones cruzadas.

Bata

Las batas de protección (de material impermeable) se usan para proteger los brazos y zonas de piel expuesta de los trabajadores y para prevenir la contaminación de la ropa con sangre, fluidos biológicos, secreciones o excreciones.

Las batas clínicas o de laboratorio usadas sobre ropa de trabajo o prendas de vestir no se consideran EPI.

Usar bata de protección para el contacto directo con pacientes incontinentes (secreciones o excreciones).Quitarse la bata de protección y lavarse las manos antes de abandonar el entorno del paciente.

No reutilizar la bata de protección. Incluso cuando se trate de contactos repetidos con el mismo paciente.

Protección de ojos, nariz y boca

Utilizar los EPI correspondientes para la protección de las membranas mucosas de los ojos, la nariz y la boca durante las operaciones y las actividades de atención al paciente en las que sean probables las salpicaduras o los aerosoles de sangre, fluidos biológicos, secreciones o excreciones.

Seleccionar mascarillas, gafas, pantallas faciales o cualquier combinación de las mismas de acuerdo con las necesidades previstas en función de la tarea.

Es conveniente diferenciar las mascarillas denominadas quirúrgicas de los equipos de protección respiratoria:

• La principal función de las mascarillas quirúrgicas es proteger al paciente contra los aerosoles emitidos por el cuidador o el visitante. Su eficacia se evalúa en el sentido de la exhalación.

• Las mascarillas quirúrgicas ofrecen protección al trabajador contra las salpicaduras.

• Los equipos de protección respiratoria tienen como función proteger al trabajador frente a los riesgos por inhalación de contaminantes suspendidos en el aire. Existen distintos tipos, con características diferentes (forma, componentes, eficacias de filtración, uso, etc.).

• En esta situación de trabajo, el tipo más frecuente son las mascarillas autofiltrantes – adecuadas para materia particulada – con diferentes eficacias de filtración (FFP1, FFP2 o FFP3) o las máscaras con filtros adaptados.

Habitación /Ubicación del paciente

Cuando sea posible ubique en habitaciones individuales a los pacientes que puedan suponer un riesgo de contagio para otros (incontinencias, secreciones, drenajes, niños con infecciones respiratorias víricas o gastrointestinales).

Determinar el emplazamiento del paciente atendiendo a los siguientes principios:

• Ruta(s) de transmisión del agente infeccioso conocido o sospechado.

• Factores de riesgo para la transmisión en el paciente infectado.

• Riesgo debido a brotes ocurridos en la zona o habitación prevista para la ubicación del paciente.

• Disponibilidad de habitaciones individuales.

• Las opciones para compartir habitación con otros pacientes con la misma infección.

Equipo para la atención del paciente

Establecer protocolos para la contención, transporte y manipulación de los equipos utilizados en la atención al paciente y los aparatos e instrumentos que estén o puedan estar contaminados con sangre, fluidos biológicos, secreciones o excreciones. Eliminar la materia orgánica de los equipos críticos o semicríticos, utilizando agentes de limpieza antes de aplicar procedimientos de esterilización o desinfección de alto nivel.

Utilizar los EPI adecuados al manipular equipos o instrumentos visiblemente sucios o que hayan estado en contacto con sangre o fluidos biológicos.

Limpieza

Establecer procedimientos para el mantenimiento y la limpieza de las superficies en función del nivel de contacto o el grado de suciedad. Limpiar y desinfectar de forma más frecuente las superficies con probabilidad de contaminarse con patógenos, incluyendo las que se encuentran más próximas al paciente (camas, mesas, barandillas de la cama, equipos, etc.), y que se tocan con frecuencia.

Ropa blanca

La manipulación y transporte de las sábanas y ropa blanca contaminada con sangre, fluidos biológicos, secreciones y excreciones se debe realizar de forma que se minimice la exposición de la piel y las mucosas, la contaminación de la ropa y la transferencia de microorganismos a otros pacientes o al ambiente.

Diseñar y mantener los circuitos de recogida de la ropa sucia para minimizar la formación y dispersión de aerosoles.

Patógenos transmitidos por sangre. Prácticas seguras.

Utilizar técnicas asépticas para evitar la contaminación del equipo de inyección.

No utilizar la misma jeringa para administrar un medicamento a diferentes pacientes incluso aunque se cambien las agujas o las cánulas.

Utilizar elementos de administración de fluidos de uso único. Eliminar de forma adecuada tras su uso. Considerar que estos elementos están contaminados cuando han sido usados en procedimientos intravenosos.

Siempre que sea posible, utilizar viales monodosis para medicación parenteral.

Tomar precauciones cuando se use material cortante, agujas y jeringas, y también después de su utilización, así como en los procedimientos de limpieza y de eliminación.

No encapsular agujas ni objetos cortantes ni punzantes ni someterlos a ninguna manipulación.

Los objetos punzantes y cortantes (agujas, jeringas y otros instrumentos afilados) deberán ser depositados en contenedores apropiados, con tapa de seguridad, para impedir su pérdida durante el transporte, estando estos contenedores cerca del lugar de trabajo y evitando su llenado excesivo.

El personal sanitario que manipule objetos cortantes y punzantes se responsabilizará de su eliminación.

Si se utilizan viales multidosis, cambiar en cada aplicación la aguja, cánula y jeringa, que deben ser estériles.

La vacunación (es una inmunización activa)

Las normas de higiene personal:

Cubrir con apósito impermeable las heridas y lesiones de las manos al iniciar la actividad laboral. Evitar la exposición directa cuando existan lesiones que no se puedan cubrir.

No utilizar anillos, pulseras, cadenas ni otras joyas.

El lavado de manos debe realizarse al comenzar y al terminar la jornada, y después de realizar cualquier técnica que pueda implicar el contacto con material infeccioso. Dicho lavado se realizará con agua y jabón líquido, salvo en situaciones especiales en las que se emplearán sustancias antimicrobianas. Tras el lavado de las manos, éstas se secarán con toallas de papel desechables o corriente de aire.

No comer, beber, maquillarse ni fumar en el área de trabajo.

No realizar pipeteo con la boca.

La comunicación de los accidentes lo antes posible y siguiendo el protocolo correspondiente.

7. BIBLIOGRAFIA.

- Real Decreto 664/1997, de 12 de mayo, por la que se aprueba la Guía técnica para la evaluación y prevención de los riesgos relacionados con la exposición a agentes biológicos. INSHT.2014.

- "Agentes biológicos. Evaluación simplificada".INSHT. NTP-833.

- Guía de bioseguridad para profesional sanitario. Ministerio de Sanidad, Servicios Sociales e Igualdad. 2015.

- "Precauciones para el control de las infecciones en centros sanitarios". INSHT. NTP-700.

- "Iniciativa al parto normal". FAME.

- Vía clínica de atención al parto normal. Servicio Murciano de Salud. 2013.

- " Riesgos laborales en el personal sanitario". Revista ERGAFP Nº56.INSHT.

www.ingramcontent.com/pod-product-compliance
Lightning Source LLC
Chambersburg PA
CBHW030745200526
45160CB00010B/61/J